我的第一本科学漫画书

升级版

科学实验王

KEXUE SHIYAN WANG

⑤ 电流与磁力

DIANLIU YU CILI

[韩] 小熊工作室/著

[韩] 弘钟贤/绘

徐月珠/译

21 二十一世纪出版社集团

21st Century Publishing Group

通过实验培养创新思考能力

少年儿童的科学教育是关系到民族兴衰的大事。教育家陶行知早就谈到："科学要从小教起。我们要造就一个科学的民族，必要在民族的嫩芽——儿童——上去加工培植。"但是现代科学教育因受升学和考试压力的影响，始终无法摆脱以死记硬背为主的架构，我们也因此在培养有创新思考能力的科学人才方面，收效不是很理想。

在这样的现实环境下，强调实验的科学漫画《科学实验王》的出现，对老师、家长和学生而言，是件令人高兴的事。

现在的科学教育强调"做科学"，注重科学实验，而科学教育也必须贴近孩子们的生活，才能培养孩子们对科学的兴趣，发展他们与生俱来的探索未知世界的好奇心。《科学实验王》这套书正是符合了现代科学教育理念的。它不仅以孩子们喜闻乐见的漫画形式向他们传递了一般科学常识，更通过实验比赛和借此成长的主角间有趣的故事情节，让孩子们在快乐中接触平时看似艰深的科学领域，进而享受其中的乐趣，乐于用科学知识解释现象，解决问题。实验用到的器材多来自孩子们的日常生活，便于操作，例如水煮蛋、生鸡蛋、签字笔、绳子等；实验内容也涵盖了日常生活中经常应用的科学常识，为中学相关内容的学习打下基础。

回想我自己的少年儿童时代，跟现在是很不一样的。我到了初中二年级才接触到物理知识，初中三年级才上化学课。真羡慕现在的孩子们，这套"科学漫画书"使他们更早地接触到科学知识，体验到动手实验的乐趣。希望孩子们能在《科学实验王》的轻松阅读中爱上科学实验，培养创新思考能力。

北京四中 物理教研组组长 物理高级教师 **厉璀琳**

伟大发明大都来自科学实验！

　　所谓实验，是为了检验某种科学理论或假设而进行某种操作或进行某种活动，多指在特定条件下，通过某种操作使实验对象产生变化，观察现象，并分析其变化原因。许多科学家利用实验学习各种理论，或是将自己的假设加以证实。因此实验也常常衍生出伟大的发现和发明。

　　人们曾认为炼金术可以利用石头或铁等制作黄金。以发现"万有引力定律"闻名的艾萨克·牛顿（Isaac Newton）不仅是一位物理学家，也是一位炼金术士；而据说出现于"哈利·波特"系列中的尼可·勒梅（Nicholas Flamel），也是以历史上实际存在的炼金术士为原型。虽然炼金术最终还是宣告失败，但在此过程中经过无数挑战和失败所累积的知识，却进而催生了一门新的学问——化学。无论是想要验证、挑战还是推翻科学理论，都必须从实验着手。

　　主角范小宇是个虽然对读书和科学毫无兴趣，但在日常生活中却能不知不觉灵活运用科学理论的顽皮小学生。学校自从开设了实验社之后，便开始经历一连串的意外事件。对科学实验毫无所知的他能否克服重重困难，真正体会到科学实验的真谛，与实验社的其他成员一起，带领黎明小学实验社赢得全国大赛呢？请大家一起来体会动手做实验的乐趣吧！

目录

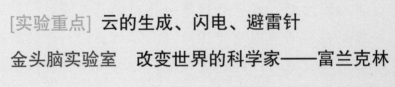

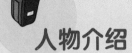

人物介绍

范小宇

所属单位：黎明小学实验社

观察内容：

· 总是开朗又充满活力。

· 凡事喜欢不懂装懂。

· 渐渐拉近与江士元的距离。

观察结果：即使实验社面临解散危机也绝不放弃，是一个讲义气的男子汉！

江士元

所属单位：黎明小学实验社

观察内容：

· 原本与许大弘、瑞娜是儿时的玩伴，如今却反目成仇。

· 与平时看不顺眼的小宇逐渐拉近距离。

· 持续扮演实验社的灵魂人物。

观察结果：依然深藏着许多不为人知的秘密，但逐渐被实验社同化！

何聪明

所属单位：黎明小学实验社

观察内容：

· 擅长搜集资讯，可惜资讯分析能力稍嫌不足。

· 有怯场的毛病。

观察结果：当实验社面临解散的危机时，终于体会到实验社的可贵之处。

罗心怡

所属单位：黎明小学实验社

观察内容：

· 心地善良，待人亲切有礼，但过于心软。

· 把无法晋级全国实验大赛的责任全部归咎于自己。

观察结果：以坚强的意志和勇气，扮演起解除实验社解散危机的关键角色！

艾力克

所属单位： 无人知晓
观察内容：
·柯有学老师旅居英国时的学生。
·普通话表达能力出乎众人意料之外。
观察结果： 对待女生大方得体，对待男生斤斤计较！

太阳小学实验社

·位于黎明小学旁，名校太阳小学的实验社。
·以士元的儿时玩伴许大弘为中心，凭着卓越的实力轻视黎明小学实验社。

高手小学发明社

·为能参加国际科学奥林匹克而参加实验大赛的发明社。
·以陈宽宏为中心，凭着让人瞠目结舌的点子积极应战。

金石小学实验社

·因两位成员是死对头而总是吵闹不休的实验社。
·朋友兼竞争对手的两个人，是金石小学实验社的主力，也是惹麻烦的根源。

其他登场人物

❶ 一心期待取得全国实验大赛资格的黎明小学校长
❷ 黎明小学校长的朋友兼宿敌：太阳小学校长
❸ 身份不明的黎明小学实验社老师：柯有学
❹ 热爱跆拳道的黎明小学跆拳道社社长
❺ 跆拳道少女：林小倩

本人宣布四强赛
正式开始！

在现场的四支队伍中，
只有前两名才能获得
全国大赛的参赛权。

咚咚

好，
从现在起……

以"电"为主题，进行最后一场实验对决。

准备时间为10分钟！

……

好，我们也来……

说到电这玩意儿，我略知一二！碰到身体时，

会变成这样！

唉呀！

电流的作用包含发热、磁力及化学变化。只要选择其中之一进行实验，应该就可以搞定了。

等一下！

实验主题明明是"电"，跟电流有什么关系？

喂，你可以不要这么死脑筋吗？你听不出来两者是"一家人"吗？

啊？

有没有搞错啊？如果电流和电是一家人，

电扇、电灯、电线等，只要是"电"字开头的，都是兄弟姐妹吗？

电扇

电灯

电暖器

哎哟，我的意思是……

注[1]：最基本的电量称为"基本电荷"，而电位是指此单位电荷所具有的位能。

叫什么来着，我记得有三个……

哈哈……

化学反应！

我也知道！

各种作用分别有很多实验方法，最重要的是先弄懂各种作用的原理。

我认为应该选择一提到"电"，就会马上联想到的实验。

提到"电"就会马上联想到的？

嗯！

心怡你会联想到什么？

这……

18

白炽灯泡

圣诞灯

手电筒

台灯

嗯。因为撇开太阳光等自然光不谈，居家生活中，大部分的光都是由电所产生的。

没错，灯泡也是人类史上最重要的一项发明！

灯泡是将电流所携带的电能转换成光与热，这可用电流的发热作用加以说明。

不过，使灯泡发光的实验会不会太单调了一点？更何况我们又无法亲自制作灯泡……

没错！

不，可以制作。虽然不是真正的灯泡……

真的？怎么做？

19

注[1]：有电流通过的附近，就会产生磁场。

就让那一群笨蛋瞧瞧什么才是真正的实力!

我百分之百赞同!

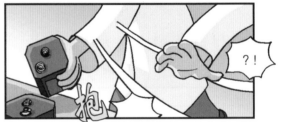
?!

你们也会用到这个吗? 祝你们好运!

……

斜睨

好，
准备时间
已到。

请各队开始
进行实验！

咔嚓

如何？

很好，该准备
的都有了。

呀

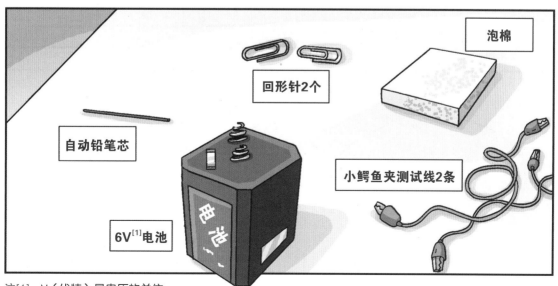

泡棉

回形针2个

自动铅笔芯

小鳄鱼夹测试线2条

6V[1]电池

注[1]：V（伏特）是电压的单位。

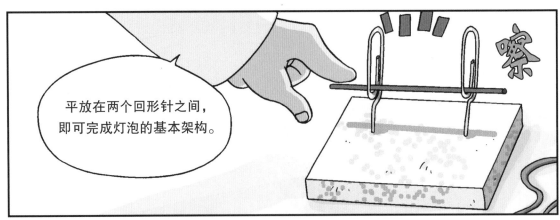

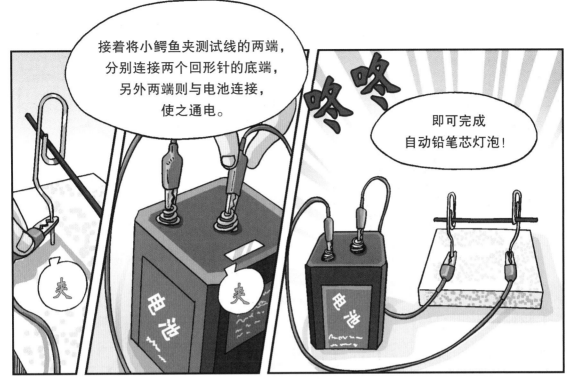

注[1]：碳的同素异构物中，只有石墨可以导电，其他包括木炭、煤炭、钻石等，均不能导电。

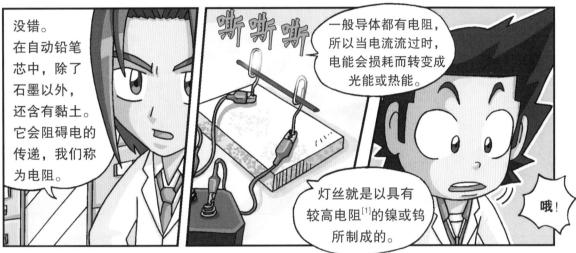

注[1]：每一种物质都有电阻。

灯泡实验！

那是跟我们一样的灯泡实验，而且……

难度比我们的还要高。

你错了。他们可是制造了无氧状态，了不起！

哎哟，他们只是多套了一个玻璃瓶罢了，没什么啦！

嘿

……

了……了不起？

没错。我们的自动铅笔芯灯泡在发光和发热时，因与空气接触而被氧化。

如此一来，自动铅笔芯将会因为氧化而断裂。

断断断断

battery

什么？你说自动铅笔芯会断裂？

啪！

不行！我会保护你的！

可对方的灯泡处于无氧状态，灯丝不会被氧化，

进而可以延长灯泡的寿命。

无氧？

等一下！

盖紧

就算盖紧瓶盖阻隔空气进入，但玻璃瓶内仍残留有空气，他们是怎么把氧气赶出去的？

氧气

嗯?

你看看玻璃瓶里面。

那不是蜡烛吗?

啊,蜡烛的燃烧!
燃烧所需的三大要素!

燃点以上的温度!

可燃物!

还有,

氧气!

哆

没错。
点燃蜡烛后封紧瓶盖……

玻璃瓶内的氧气便会燃烧殆尽。
而没有了氧气,蜡烛则会熄灭。

氧气

无氧

呃……

监考官应该没在看吧？实在太好笑了！

不服吗？

不愧是许大弘，哈哈哈！

斜睨

捧腹

大笑

气死我了！难道他们是故意的？

暴怒

没错，他们抄袭我们的实验，是事先计划好的。

惊！

33

那是在做什么实验？我看不懂！

嗯？

依他们所使用的器具来看，应该是电磁铁实验。

电磁铁？

那是……莫尔斯电报机。

咚

咚

众所周知，冬天脱毛衣或者穿毛衣的时候，都会发出"噼里啪啦"的声音，这是所谓的静电现象。这时的静电火花便如同一道闪电，它属于一种放电现象。静电的持续时间非常短暂，却可以使日光灯管发亮，也可以使水柱弯曲。现在，我们就利用简单的道具，体验一场如魔术般的电气实验吧！

最具代表性的静电现象：闪电

实验1　用气球点亮日光灯

准备物品：毛衣或毛制衣物 ▧ 、气球 ▱ 、日光灯 ✎

❶ 首先将日光灯用湿布擦拭干净，并彻底晾干。

❷ 把气球吹大后将开口打结。

❸ 将气球在毛衣或毛制衣物上来回摩擦数次。

❹ 在暗处将气球靠近日光灯，就能发现日光灯管会发亮。

⚠ 日光灯管内部含有对人体有害的水银（汞），请小心拿取，以免灯管破裂。

这是什么原理呢？

当日光灯管通电之后，灯管内电极发出的电子撞击灯管内填充的汞原子，汞原子被激发后放出紫外光，然后再通过管壁上的荧光涂料转化成白光。

在本实验中，将气球在毛衣或毛制衣物上来回摩擦数次后，气球表面便会聚集负电荷。将气球靠近日光灯管的表面时，气球上的负电荷会将能量以紫外光的形式释放，这些紫外光的能量会被涂在管壁上的荧光物质吸收，从而产生白光。

实验2　魔力吸管

准备物品： 木筷 、塑料瓶 、面巾纸 、吸管

❶ 将一双木筷放置于有瓶盖的塑料瓶上。

❷ 用面巾纸将吸管来回摩擦数次。

❸ 将吸管靠近木筷的一端并旋转，木筷便会跟着转动。

❹ 控制水龙头开关，使之流出最细的水流。

❺ 将吸管靠近水柱附近，水柱会弯向吸管的方向。

这是什么原理呢?

　　就如同磁铁"同极相斥、异极相吸"的原理一样，带有电荷的物体互相接近时，也会产生同极电荷彼此相斥、异极电荷彼此相吸的现象。当用面巾纸摩擦吸管时，吸管表面便会聚集负电荷。将吸管靠近木筷时，离吸管较近的木筷表面便会聚集正电荷，此时因正电荷与负电荷彼此相吸，从而带动木筷随着吸管转动。同样的道理，将用面巾纸摩擦过的吸管靠近往下流动的水柱时，水分子中的正电荷与吸管上的负电荷彼此相吸，从而使水柱弯向吸管的方向。

G博士的 实验室1
雷电防护措施

雷电非常危险,所以看到闪电或听到雷声时,应立即躲入邻近的建筑物内。

待在车上时,千万不可以下车!

怎么突然打雷了!赶快闪避!

助理,快一点!

好!

刷刷

雷电一般会打在最高处,但不代表待在平地就很安全!

您要记得丢弃金属物品啊!

躲避时应立即关闭移动电话,丢弃雨伞或发夹等金属物品,并且避开前面有积水的地方。

雨伞

移动电话

发夹

啊,口袋里的硬币!

手忙脚乱

此外,没有地方躲避时,应双脚并拢蹲下;不要靠近电线、高大突出的金属物体。

不久后

现在已经安全了,你去帮我把硬币全部捡回来。

哼。

不要!

雷击

笔记

第二部

无法弥补的失误

摩斯电报机？

好，我们再确认一次！

啪

用来产生电能的电池！

简易的电源开关！

可用肉眼确认电流的灯泡。

莫尔斯电码!

我好像听说过!

不过真的可以传送讯号吗?

是啊,莫尔斯电码也称作摩斯密码,是一种时通时断的信号代码,通过不同的排列顺序来表达不同的英文字母、数字等。

是怎么表示的呢?

是用短促的点信号和长信号,还有停顿等不同的组合来表示的。

点	划
读"嘀"	读"嗒",相当于三点的时间长度

举例来说,求救信号SOS就是由3个点、3条线、3个点所组成的。

数字莫尔斯电码对照表

长码版	短码版
0 ――――	0 ―
1 ·――――	1 ·―
2 ··―――	2 ·―
3 ···――	3 ··―
4 ····―	4 ――
5 ·····	5 ···
6 ―····	6 ―···
7 ――···	7 ――
8 ―――··	8 ···
9 ――――·	9 ―·

英文莫尔斯电码对照表

A ·―	O ―――
B ―···	P ·――·
C ―·―·	Q ――·―
D ―··	R ·―·
E ·	S ···
F ··―·	T ―
G ――·	U ··―
H ····	V ···―
I ··	W ·――
J ·―――	X ―··―
K ―·―	Y ―·――
L ·―··	Z ――··
M ――	
N ―·	

SOS ➡ ··· ――― ···

48

没想到士元早已学过莫尔斯电码。真是帅呆了！

对吧，小宇？

难过……

哦！

就算学过又有什么了不起？

喂！

我觉得大家都专注于本身的实验。我们也该专心做实验了吧？

现在只要记下自动铅笔芯断裂的时间，就可以了吗？

我正在计算时间。

心怡，你可以帮我看一下实验报告吗？

嗯，好啊！

来，要小心哦！

实验报告

嘶嘶

嘶嘶

这是利用电流流入漆包线所制成的电磁铁，以及马蹄形磁铁之间的磁场，所做的电动机实验。

这我也知道！你把我当实验新手啊？

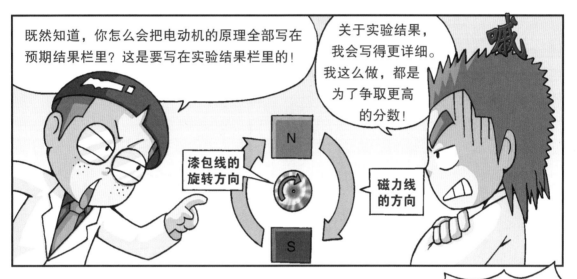

既然知道，你怎么会把电动机的原理全部写在预期结果栏里？这是要写在实验结果栏里的！

漆包线的旋转方向

N

S

磁力线的方向

关于实验结果，我会写得更详细。我这么做，都是为了争取更高的分数！

怪不得你始终只能考第二名。记住，聪明反被聪明误啊！

什么？你干吗扯到第二名？

难道我说错了吗？

住嘴

你们两个人闹够了没?

不是说好比赛时不吵架的吗?

在我看来,报告的内容并没有什么问题。这是你不对。

……

哼……

算我倒霉!

哼!

呼！我真的快被他们两个给烦死了。

又不是第一次，就别理他们了。

再怎么斗来斗去，他们俩也是最要好的朋友！

盯人

看啥？

言下之意，他们是好朋友兼竞争对手了？

正是！

嗡 嗡 嗡 嗡

哦？

嘟嘟嘟

断

裂

应该是漆包线过短的缘故。

应该吧……

还好及时接住，才没有酿成大祸，算我们走运。

值得庆幸的是，在发生事故前，我们顺利完成了实验！

好，我们来整理实验报告吧！

哈哈

……

评分

哇啊啊

自动铅笔芯好像快要断了。聪明，实验报告呢？

对哦！

心怡，快拿实验报告给我！

快一点！

哦，这就来！

手忙脚乱

接住……

内容应该没问题吧？

传递

58

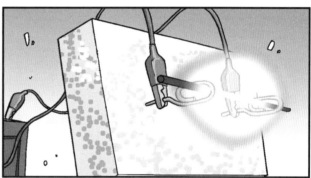

你想被烫伤吗？这可是很烫的。
还有，你忘了参赛者受伤会被
扣更多分数吗？

士元……

用指南针制作检流计

实验报告	
实验主题	检流计是测定微弱电流、电压及电荷的一种装置，主要功能在于检查是否有电流。当电流流入检流计时，其指针会根据电流的方向与大小向左或向右偏转。我们可以利用下列工具，制作一个简易的检流计。
准备物品	

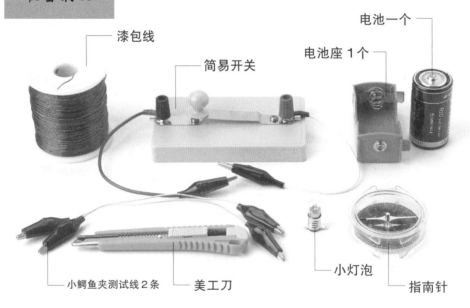

漆包线
简易开关
电池一个
电池座 1 个
小鳄鱼夹测试线 2 条　美工刀
小灯泡
指南针

实验预期	将漆包线缠绕于指南针并使电流流入时，指南针的指针会有所反应。
注意事项	使用美工刀时请务必小心，以免割伤。

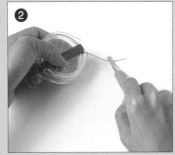

❶ 将漆包线往指南针所指的同一方向缠绕50圈以上，并切断漆包线的尾端。

❷ 用美工刀刮除漆包线两端表面上的漆。

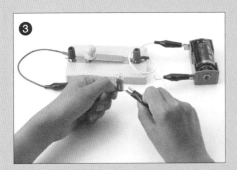

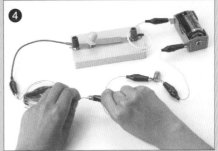

❸ 连接开关、灯泡、电池以及小鳄鱼夹测试线。

❹ 调整方向，使指南针的指针与漆包线呈一条直线，随后将指南针连接到电路。

❺ 反复切换开关，同时观察指南针的指针转向。

笔记

实验结果

按下开关使电流流入，灯泡便会点亮，同时指南针的指针会旋转。松开开关，指针则回到原来的状态。

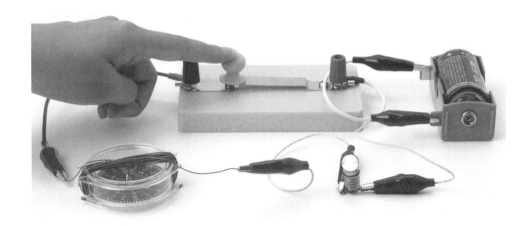

这是什么原理呢？

指南针是利用磁铁在地球磁场中的南北指极性而制成的一种指向仪器。在这个实验中，当按下开关时，电流会流入缠绕在指南针上的漆包线，漆包线周围则因电流而产生磁场。指南针的指针之所以会转动，正是因为受到漆包线周围产生的磁场的影响。此时，指南针的旋转动作会随着电流的方向与大小而改变，所以把电池的电极方向转换为反方向时，电流的方向便会改变，指针也随之转向反方向。另外，增加电池的数量并以串联方式连接时，电流便会增强，指针的旋转角度也随之变大。

第三部　老师留下的谜题

什么？

太阳小学夺下
第一名？

嗯，听说第二名是高手小学。也就是说，

代表我们这一区进入全国大赛的学校，是太阳小学和高手小学。

关紧

嗯？

那……我们学校的实验社呢？

这还用问？当然是遭淘汰出局！

什么，那不就等于没戏唱了？

我早料到会有这种结果。你真以为我们赢得过太阳小学吗？

好惨！

哗啦啦

到底是谁如此矮化自己的学校，嗯？

暴怒

73

好，你言之有理！不过再怎么说，我都依然以本校的实验社为荣！

哼，总算中计了。

起身

你若不敢面对更大的耻辱，现在该收拾残局了吧！

嘲讽

好，你有什么打算？

我的打算？只好兑现自己的诺言！

呼呼呼

即日起，

我将封闭实验室！

实验社一开始就是校长心中的一种实验品。

根据我的分析来看，

应该说是用来对抗太阳小学的武器才对。但现在既然被太阳小学打得一败涂地，当然就没有继续存在的必要啦！

怎么可能！

我才不信校长会这么做！

真的，柯有学老师究竟在哪里？

你看吧！

……

笨蛋，你看连柯有学老师也不见了。这样你还不信？

这一切都是我害的，对不起……

78

Who's waking me up?（是谁吵醒我？）

啊……

外……外国人！

愣住

哈啰，你要找谁？

抱……抱歉！

他会讲普通话呢！

我误以为这里是柯有学老师的家……

81

原来如此，
你并没有找错
地方。

那你是？

我是住在
这里的人。

咦？你该
不会是……
柯有学老师的
儿子吧？

拜托，
我只是柯有学老师旅居
英国时的学生。

因为老师要参加世界
微生物学术论坛，刚好我这
阵子来这里旅行，所以顺便
替他照顾房子。

微生物学
术论坛？

嗯，在老师回国之前，
我会待在这里进行我的研究，
若你有事要找老师，
我可以帮你转达。

原来如此。幸会，我是黎明小学实验社的成员，也是柯老师的学生。

我们算是同学呢！

你找柯老师有事吗？

这……

小事一桩啦！改天我再过来好了，拜拜……

转身

等一下，实验社的成员……那你就是心怡了？

嗯？

我突然想起老师匆忙离开之际，留下了几句要我转达给你的口信。

真的？他是
怎么说的？

这……

嗯⚪⚪⚪⚪⚪⚪

哎呀，
怎么突然想不起
来了呢……

挠头

挠头

等我想起来再打
给你吧，你帮我
输入电话号码。

嗯，
没问题。

哔哔

哔

呼！

呼！

惊吓

啊，好了……
那我先走了！

不知所措

……

逃跑

嗯？

快步跑

心怡！

是我！

我是
小宇！

心怡……

她为什么要躲着我？

百思不解

笨死了。
她不是在躲你，
而是在自我逃避。

?!

嘟嘟嘟嘟……

金发

蓝眼睛

……

白皮肤

你说她是在
自我逃避？咦？
你的普通话讲得
很烂！

OK! OK!
No Problem！

咦，
这里是
……

是柯有
学老师的
家！

你怎么会在这里？
老师该不会搬走了吧？

这家伙又
是谁？

86

老天爷呀!
Oh!My God!

老师真的离我们
而去了!

你应该
就是小宇,
对吧?

咦?这老外竟然知道我
的名字!难道我已经
扬名海外了?

你等我一下,
老师留了一样
东西给你。

给我?

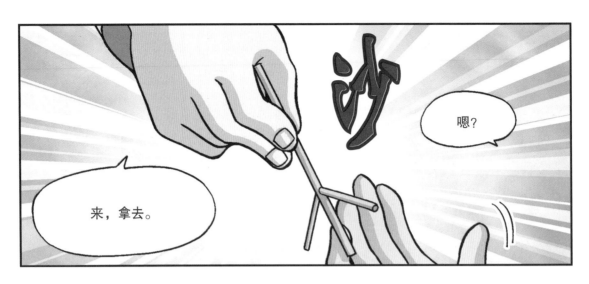

嗯?

来，拿去。

这不是铁丝吗?

铁丝? lighting rod 翻译过来应该不是铁丝吧?

哦……是叫做避铁丝吗?

避? 避铁丝?

总之，

老师说过，你拿到之后就懂得该如何运用。

避铁丝? 好像不是哦……

89

黎明小学图书馆

肃静

没有，
找不到！

拿这种东西，

撕裂

到底能做
什么嘛！

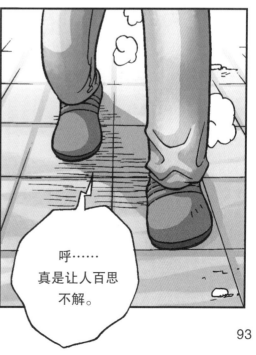

干吗要封闭实验室？我们只不过是输了一场比赛罢了。

好久不见……

心怡开始在逃避我，

那个没良心的士元，也应该早忘了实验社才对！

聪明那家伙，整天只会窝在跆拳道社……

如果实验室没有被封闭，

我就不用流落在这个凄凉的街头了……

避雷针快要
被你给玩坏了！

江士元！

哈哈！

近来
无恙？

嗯。

你刚刚说
什么针？

啊，避雷针！

原来这就是避雷针！

不过老师的用意
是什么？

如何运用磁铁与指南针

磁铁

　　能够吸引铁、镍等金属，或对电流造成影响的性质，称之为"磁性"；而具有磁性的铁块，称之为"磁铁"。磁铁可分为暂时磁铁与永久磁铁。当磁性物质靠近某一铁块，会使铁块短暂产生磁性，若磁性物质移除后，铁块的磁性即消失，此称为暂时磁铁；而磁化后可长期保有磁性者，则称为永久磁铁。另外，当磁铁遇到高温或撞击时，其磁性会减弱，故使用时需特别注意。

磁铁分为N极与S极。其中，N极以红色、S极以蓝色标示，加以区分。

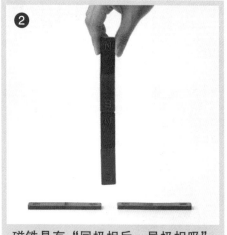
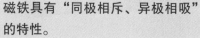

磁铁具有"同极相斥、异极相吸"的特性。

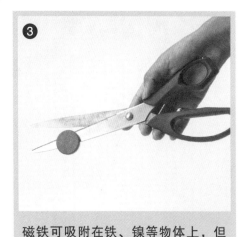

磁铁可吸附在铁、镍等物体上，但不会吸附在纸、木头等物体上。

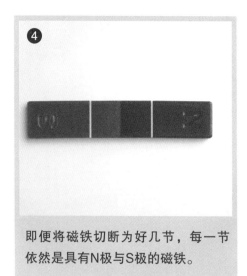

即便将磁铁切断为好几节，每一节依然是具有N极与S极的磁铁。

指南针

　　之所以可利用指南针得知地标的方位，是因为地球本身就是一个具有磁性的巨大磁体。地磁的S极在北端，N极在南端。由于具有磁性的物体有着异极相吸的特性，故指南针的N极永远会指向北方。

指南针的构造

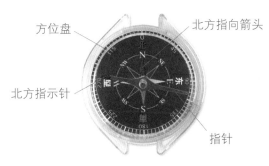

方位盘

北方指向箭头

北方指示针

指针

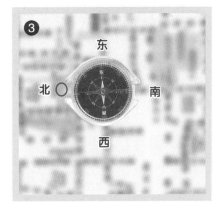

❶ 地图上的北方与指南针指针所指的北方有偏差时，必须调整使其一致，方能找出正确的方位。首先，将指南针平放在地图上，接着将指南针的北方指向箭头对准地图上的北方。

❷ 同时移动地图与指南针，并将北方指向箭头与北方指示针调整至呈同一直线。此时，地图上的南方便会与实际地形的南方一致。

❸ 在地图上确认目的地，并决定欲前往的方向。

我只好跟着指南针走了！

第四部

改变命运的钥匙

没错，避雷针！

雷电喜欢的铁丝！我明明在书本上看过，为何现在才想起来呢？

书本？应该是电视吧！

呜呜！

关你什么事啊！我说书本就是书本！

这么说，你对富兰克林或电子的移动，也有概念了？

东看看 西看看

......

那里……

哪里？

瞧

哇，葱油饼摊。你要我请你吃啊？

葱油饼 关乐煮 鸡蛋饼

天底下没有白吃的午餐。

如果你跟老板借压板、铝箔纸和塑料袋来，我就解释给你听。

斯 斯 斯

那些可是老板的赚钱工具……

挠头

你要那些东西干吗？

注[1]：凝结是指水蒸气由气体转变为液体的过程。

105

刚才那个火花就是雷电吗?

没错,雷电或静电都属于放电现象。

避雷针的原理并不是阻挡雷电,而是引导电荷沿着安全的路径,

缓慢地使云层里的负电荷和地面的正电荷中和,保护建筑物免受雷电袭击。

原来如此!

避雷针可保护建筑物免受雷电的攻击……

这个原理到底是谁、又是如何发现的?

是某个人以生命做赌注,在大雷雨之中进行实验而发现的。

嗬!在大雷雨之中?

怎么会有这种人?他还活着吗?

不解

还有，我更不希望心怡为这件事感到自责与内疚。

所以，我们来证明实验社依然存在好不好？

……

为了让心怡不再难过。

我们……

真正的伤痛……

要学会自己去克服。靠他人的安慰才能抚平的伤痛……

咚

不是靠他人的安慰就能抚平的。

咔嚓

根本算不上伤痛……

噗噜噜噜

哼！

110

不要忘记了，校庆当天你一定要来帮我。

我知道啦！

老板，这些还给您。

反正比赛结束了，我闲得很。

来，不要说我对你不好。

对了，你们刚刚是在干吗？江士元似乎在教你什么似的。

呀呼！咦，您认识士元吗？

废话！我在这里摆摊摆了九年，怎么可能不认识这位名人？

什么名人呀！说他是冷血动物还差不多！

政府应该为这种冷血动物成立一所学校才对！

哈哈……

这么说，那所学校的基本成员非江士元、许大弘、瑞娜莫属了！

哈哈哈

冷血小学

班长

副班长

会长

哇，您连其他人也认识啊？

难道您就是聪明的师父？

岂止认识？

他们三个原本是很要好的朋友，后来因为某人背叛，导致三个人分道扬镳。

背叛？是谁背叛谁？

嘶

啊，好烫！

这你就问倒我了。

摇头

其实我也是听来的……

有一次听到太阳小学广播社的同学们在说，

他们三个人的关系会这般恶化，就是因为这样的问题。

啊

到底会是
谁背叛了谁呢？
我也很好奇呢！

答案很
简单啊！

就是其中最自私的
家伙嘛！这有
什么好猜的。

哼！

咯咯咯咯

反正校庆当天
你记得来帮我就是了，
今天你吃的葱油饼，
我先帮你记账。

啊

啊？

您不是说要
请我吃吗？

免费的只有一个，
另外两个是你自己拿的。

呜啊啊啊

我被骗啦！

心怡。

有你的电话，是你朋友打来的。

妈，谢谢！

喂？

心怡吗？

啊，对。请问你是……

我是艾力克！

……

你忘了？我们在柯有学老师家门口见过面。

啊！原来你叫艾力克。

118

119

小倩真是太酷了！

不愧是全国大赛的冠军得主，果然身手不凡啊……

可谓女中豪杰！

嗯？

啊

嘿……

啊……

小子……

泡面头！你不想活了是不是？

惊骇

我不是叫你不要再跑来这里吗？

你误会了！我只是有事路过，刚好顺道过来看看而已！

咬牙切齿

社长，我们的木板用完了。

咔嚓

你骗谁啊！

天啊！

我看你是活得不耐烦了！

用完了就去仓库补货啊！这种小事也要来问我？

我来！我去拿！

交给我就好了！

沙沙沙

我只是想助你一臂之力嘛！

嗯？

嗯？

愣……………

……

嗯嗯？

好，既然如此，你去给我拿10箱来。

10箱？需要用到这么多吗？

废话！我得加强训练的强度才行！

这么一来，我们在这次的校庆表演中，才能展现出跆拳道社惊人的实力！

咦，跆拳道也要参加校庆表演啊？

嘿

你是不是本校的学生？校庆表演的压轴好戏，永远是我们跆拳道社的表演！

我们将展开一场令人叹为观止的击破表演！

唰

啊呀！

啪

呼。

没想到大家这么容易放弃，现在该怎么办呢？

就像避雷针保护建筑物免受雷电的攻击一样，我若能够保证实验社免遭解散，那该有多好……

重死了。

呼呼。

咦？那是……

？

何聪明！

你该不会加入跆拳道社了吧？

关……关你什么事啊？

反正实验社也快要解散了，有错吗？

啊？

可是目前还没定论啊……

嗨，实验社的小宇！

嗯？什么事？

你最近还能帮人修理东西吗？

当然！

太好了！

我的自行车铁链松了，你可以帮我修理吗？

你真的想找他帮你修理自行车吗？

他连自己的都修不好，我可是好心提醒你啊！

真……真的？

尴尬

我以为实验社的人什么都可以修理，看来是一场误会……

那下次再请你帮忙好了。

记得下次一定要来找我……

对了，校庆表演准备得顺利吗？

听说这次的校庆表演实验社也要参与演出，大家都非常期待呢！

啊！这次的校庆表演……

实验社要参与演出？

你们没有看学校布告栏吗？你们要加油哦！

学校布告栏？

129

哇，太神奇了！

布告栏

这么说……

我们排在跆拳道社的下一个！

这不是你们搞的鬼吧？

啊？我们搞的鬼？

这该不是你搞的鬼吧？

你以为我会搞这种无聊的把戏吗？

那……会是谁……

唰

是我！

是我向校长申请让我们参与演出的！

心怡！

你……为什么要这么做？

气……

对不起……不过，你也不希望实验社就此解散，不是吗？我知道机会很渺茫，

但我们若能借这次的校庆表演来场精彩的演出，或许就能改变校长要解散实验社的想法。

……

131

改变世界的科学家——富兰克林

富兰克林（1706—1790）
美国的科学家、政治家。
证明了雷电的性质与电相
同，从而奠定了电气领域
发展的基础。

1752年7月，本杰明·富兰克林（Benjamin Franklin）与儿子威廉在一座四面敞开的木棚里进行引接雷电的实验。首先他将丝绸做成风筝，顶端绑着一根尖细的金属丝，再用一条长长的绳子系着风筝。绳子的另一端绑着绝缘的绸带，绸带的另一端则握在手中，因为人躲在木棚里，绸带一直保持干燥。在绸带与风筝交接处挂上一串钥匙作为断路器，以免触电。当闪电击中风筝后，父子俩看到绳上的纤维竖起。富兰克林禁不住伸出手去触摸，这时指尖与钥匙间突然产生火花。通过这个实验，他成功地证明了雷电的性质与电相同。

富兰克林通过这个实验发明了避雷针，并持续进行电的相关研究，从而奠定了电的基本概念："正电荷"与"负电荷"。除了电学之外，富兰克林还发表过与光学、热学、动力学相关的著作。

除此之外，富兰克林还被誉为"美国革命之父"，他在政治、外交领域也有非常卓越的成就。在美国独立战争期间，他出使法国，缔结法美同盟，又代表美国与英国谈判，1783年签订《巴黎合约》，英国正式承认美国独立。另外，他草拟了美国的宪法，并且起草了《独立宣言》。他一生中的成就，在同一时代几乎无人能望其项背。

我要烤豆子来吃！

G博士的 **实验室2**
预防触电意外

助理，帮我烤面包！

好。

当

啊！

电线的外皮脱落了！

这种问题交给我就对了，拿给我看看！

真是爱出风头。

哈哈哈

慢着！要戴手套！

嗯？

啊！

咔嚓

触电！

小心，即便拔掉插头，电器内部还是有可能残留电！

⚠ 实验室的安全守则！

触电是指电流通过人体，机体感受到疼痛甚至受到伤害的意外事故。一旦触电，可能会造成机体灼伤甚至导致死亡，请务必小心。

啊，好凉哦！

拖拖

通常电会透过皮肤流入人体，而当皮肤上残留着汗水或水分时，便会加速电流流通。因此，绝不可以用沾湿的手触碰任何电气产品。

这样很危险啊！

来听个音乐吧？

嘶

使用电气产品时，应依照说明书指示操作，以防漏电或触电。

唉呀！

220V

砰

110V

笔记

第五部

匹诺曹历险记

好，从今以后，这里就是我们实验社的第二基地！

太好了，我们终于有地方可以准备表演了！

没错，既宽敞又安静，是一个练习的好地方。

士元，等一下！

你先听我们说嘛！

你就等一下嘛！

139

既没有实验室可用，又没有任何实验器具，要怎么表演？

呃……

啊……

这……

啊，有了！

你上次就是这么做的！

就是雷电实验啊！当时你根本没用到任何实验室内的器具啊！

那是……

嗯？做什么？

就像上次一样，我们可以用生活中常见的材料来进行实验啊！

没错！

以玻璃杯替代烧杯！

以尺充当刻度！

以蜡烛替代酒精灯！

嗯……

这么做，搞不好会有意想不到的效果呢！

你不觉得吗？

期待

期待

呼，好吧，我们试试看吧！

嘁

好！

耶

我们有希望了！

你说，该拿什么作为实验主题？

啊！

实验是我的朋友！听起来不错吧？

哇哈哈

真的不错，非常符合我们的实验理念。

对吧？对吧？

真是的，我又没有叫你取名字，我问的是实验主题！

啊……主题！

石化

实验表演的主题……

震惊

就叫"电"吧?

电?!

第一名是太阳小学实验社!

以电为主题?

我们最后一场比赛的主题是"电"，我想再挑战一次！

我赞成！

我也赞成，这个主意不错！

果然是心怡！在哪里跌倒，就从哪里爬起来，是吧？

哈哈！

146

更令人匪夷所思的是，他们居然安排了实验表演。

校庆表演顺序
美术社
戏剧社
合唱团
跆拳道社
实验社

士元怎么会沦落到玩小孩把戏呢？真是不可思议！

哼……

我们得想办法让士元清醒才行。这不就是朋友该做的事吗？

这倒也是。听说实验室已经被封了，实验社解散势在必行。

这么说，

今天就是黎明小学实验社和士元的毕业典礼了！

你们跑得过我吗？

啊！

唰

唰

唰

唰

唰 唰

我是第一名！

吓一跳

停住

搞……搞什么嘛，你干吗无缘无故对人吼叫啊，害我吓一跳！

什么？

啊，你们是高手小学的？

嗯？

你怎么会认得我们？

怎么回事？

什么？

岂有此理！

打扰一下。

嗯?

瑞娜!

紧张

紧张

心怡,惊讶吗?

听说你们要参与表演,所以我特地过来看你。

啊,谢谢你……

155

看起来不错！实验器具也……

很特别呢！

嗯，不错吧？

她是在嘲讽吗？

听说今天是实验社的最后一场活动啊，心怡，你可不要第二次失误啊！

呼呼……

什么？

谢谢你的提醒。

点头

经过上次的失误，让我领悟了不少事情。这一切都是托实验社伙伴们的福。

……

……

注[1]：比喻事情不可能总是顺利成功。多用来鼓励人不要因一时的失败而灰心丧志。

没错，或许这是最后一次机会……

所以我们要放手一搏！

对！

我们一定要证明实验社的实力！

江士元，你也开个金口嘛！

放开我！

嘻 嘻

太离谱了！他们怎么能够如此开心？

噗哈哈哈，像极了！

你快给我说！

像是"哼，我也有同感"这种话。

匹诺曹是一个充满好奇心的木偶。

有一天，一位魔法师造访了匹诺曹居住的村落。

160

163

像这样把干布和气球相互摩擦，干布会带有正电荷，气球则会带有负电荷。

当两种物体互相摩擦时，物体所拥有的负电荷便会移动，进而产生电荷。

此时，产生的电荷便会停留在物体表面，这就是我们所称的静电。

摩擦　摩擦

由于负电荷与正电荷会彼此吸引[1]……

拿起

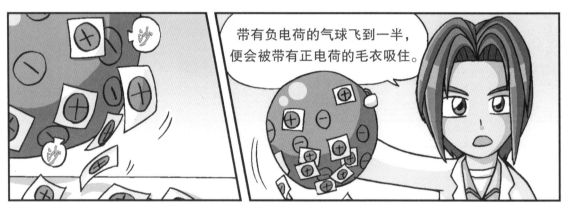

带有负电荷的气球飞到一半，便会被带有正电荷的毛衣吸住。

沙　沙

点头　点头

很好，很有看头！

哦　哇

164　注[1]：将带有负电荷的气球贴近纸张时，根据同极相斥的特质，纸张中的负电荷便会远离气球而斥出纸张之外，而纸张便会借助残留的正电荷而粘在气球表面上。

您懂了吗？

气球之所以会被毛衣吸住，是因为静电所致！

不可能！

那是因为我的魔法！

你在干什么？

还有这里！

叔叔您的钱包就在这里啊！

抛来抛去

你这家伙竟敢碰我？

好！这次我要让你见识真正的魔法！

您若再说谎，这些钱我可是不会还您的！

好！

磁场可穿透纸、木头、玻璃或水等来吸引铁。

只要利用这些铁粉，即可见证磁场的庐山真面目！

首先将铁粉轻撒于亚克力板上面。

沙沙

铁粉

沙沙

磁铁

移动

之后慢慢靠近磁铁的上方。

我们就会发现铁粉依据磁力线的形状往外扩散。

你看到了吗？

没有，看不到。

根本就看不到啦！你可以举起来吗？

我也要看！

啊……

怎么办？

要怎么样才能让他们看得到呢？

啊！

先将磁铁固定于亚克力板底部。

再将另一块亚克力板覆盖在铁粉之上……

？！

各位看到了吗？这就是磁场的形状！

哇！

终于看到了！

哇

太神奇了！

原来磁场是这样的！

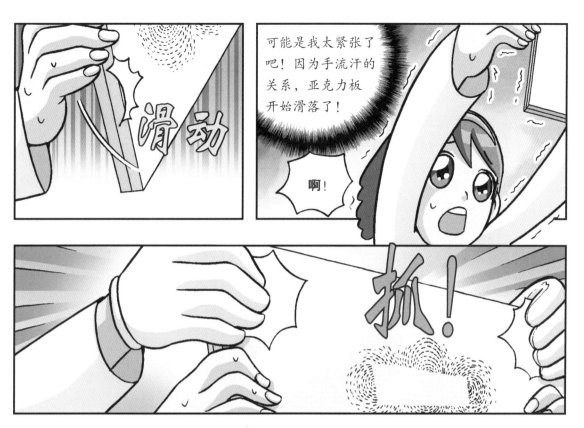

可能是我太紧张了吧！因为手流汗的关系，亚克力板开始滑落了！

滑动

啊！

抓！

小心！

是……士元！

紧张

紧张

紧张

如何将电传送到家中

"电"是现代生活中不可或缺的能源。如果没有了"电"，我们不仅无法使用电视或电脑，到了深夜，整个世界也会陷入一片黑暗。那么，这么重要的电到底是如何制造的呢？

发电厂   一次变电所   二次变电所   杆上变压器   电力用户

发电厂： 指用机械制造出电能的地方。依照所使用的能源大致可分为：水力发电厂、火力发电厂、核能发电厂等。上述能源均为带动涡轮旋转的原动力，当涡轮带动发电机旋转时，涡轮圆筒内部的线圈随之旋转，从而产生电能。

变电所： 为了防止电能的损失，由发电厂制造的电在送电过程中，提升电压并输往"一次变电所"，"一次变电所"先降低电压，并通过送电线输往"二次变电所"，接着"二次变电所"再次降低电压，再输往电线杆上的"变压器"，以供一般电力用户使用。

电力用户： 电通过变压器转换为220V之后，再送达一般家庭。电能可以供应给各类家用电器，使之产生光能、热能或动能，让人们的生活更加便利。

配电缆： 用来连接发电厂与变电所、变电所与变电所，以及变电所与电力用户，以便输送电能。

这不是变压器，这是我的窝！

第六部

失而复得的机会

我先告辞了!

不行!
你给我站住!

揪住

匹诺曹被抓住后,被软禁了很长一段时间。

勒

拖延

喂! 翻快一点!

3年

2年

1年

哈哈,真好笑!

哈哈!

哈哈哈

匹诺曹费了一番工夫终于逃脱回到了自己的家乡,这时他才听到父亲为了找他而远渡重洋的消息。

之后,为了找寻父亲而出海的他,中途不幸被鲸鱼活活吞食。

救命啊!

救命啊!

鲸鱼的肚子还蛮大的嘛!

看起来倒像鲔鱼肚呢!

噗哈哈!

吃我这种木头,有什么味道吗?

什么声音啊?

咦?你不是我儿子匹诺曹吗?

爸爸!您居然也被鲸鱼给吃下肚了!

我的天啊,我们父子俩居然一起死在这里!

我们怎么可能会死呢!逃出去不就得了!

啊？
怎么逃？

您就看我的吧！

用这个让鲸鱼触电就可以了！

触电？那不就需要用电吗？在鲸鱼的肚子里哪来的电力啊？

靠这些硬币就可以制造电力啦！

利用硬币制造电力？

真的有可能吗？

太扯了。

用硬币买电池不就得了！

179

你说这是电池？难以置信啊！

麻烦您伸出舌头！

舌头？这样吗？

对。

贴近

啊啦啦啦啦！真是太神奇了！

！！

舌头发麻

是吧？

触电

不过！

要是让鲸鱼触电，我们也会一起触电不是吗？

扑通

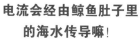

电流会经由鲸鱼肚子里的海水传导嘛！

哈哈

这点您大可放心，有我这个非导体嘛！

非导体？

像海水这种可导电的材质，称为导体。

海水　铁　铜丝

像木头等不会导电的材质，称为非导体。

橡胶　木头　塑胶

我这样背着您，您就绝对不会触电。

原来如此。

背起

来，准备好了吗？利用这个让鲸鱼触电，等它喊痛张嘴时，我们就立刻逃走！

好，来吧！

嘶……

期待　期待

通电！

紧张

肃静

啊！

嘟嘟嘟

怎么会这样？

一片哗然

怎么会突然停电？

发生什么事了？

看不到。

还不赶快去检查保险丝盒！

是！

一片哗然

该不会是这个旧礼堂要垮了？

万一起火了怎么办？

不会吧……

我们不能坐着等死，要赶快逃跑！

哎呀，不要推我！

乱成一团

咚咚咚咚

请大家少安毋躁！此时离开现场会非常危险！

救命啊！

啊！

不要踩我的脚！

不要推我！

这下可好了，校庆演变成一场逃难记。

哼

察

看来是过度消耗电力，导致旧礼堂负荷不了了！

哈哈哈

啊，好刺眼！

一

啊！

闪

呼

原来是保险丝烧掉了！

呼

呼

我已经修理好了。

于事无补了……

校庆竟落得如此收场……

怎么办？大家都跑光光了！

各位！请留步！

一哄而散

还好没有让我看到很成功的校庆表演。

嘻嘻嘻

对，尤其是实验社的表演，还真差一点博得满堂喝彩。

呼呼……

各位想不想知道突然停电的真正原因？

那是因为保险丝盒内的电路，是采用串联连接的缘故！

咚！

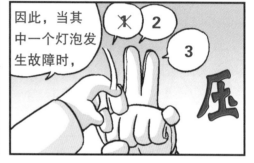

相反的，采用并联方式连接灯泡时，即便其中一个灯泡发生故障，也不会影响其他灯泡。

这是因为并联连接是将个别电池与灯泡一个个并排连接，使电流各自流入灯泡，

因此，就算其中一个灯泡发生故障，其他灯泡仍可持续发光。

并联

保险丝盒

串联

我们所使用的绝大部分电器设备均采用并联连接方式，唯独只有保险丝盒是采用串联连接。

由于这个礼堂同时使用的电器太多，总电源超过保险丝的负荷，因此才会造成意外停电。

这不就是我这天才该做的事情吗？

江士元！黎明小学之光！

哈哈！

......

啊......

我就知道当初相信你而创办实验社，是我最正确的选择！

说谎！您不是打算解散实验社吗？

起

身

啊？

解散实验社？

是谁告诉你的？

转

啊，那是为了重新整修实验室啊！柯有学老师没有跟你们提过吗？

禁止使
－施工中

差点忘了。

您不是封闭实验室了？

嗯？

重新整修？

你说什么？
什么叫重新整修？

你还记得吗，你说过我们的实验室非常破旧，还说我们能晋级四强赛是个奇迹！

那时我终于醒悟了，过去我们对实验室的硬件有所忽略！

哈哈

因此，我决定改造我们的实验室。谢谢你，是你让我醒悟的！

这……这样啊？都是老朋友了，何必这么客气……

阿……

这么说，实验社不会被解散了？

当然！虽然今年无缘参加全国大赛，但还有明年啊！这可是我们实验社的新目标呢！

啊……

太好了！

总算可以尽情地做实验了！

看起来似乎有喜事啊！

嗯？

原来你们也来啦！

嗯，今天的表演真的很精彩。

啊，高手小学发明社！

195

你！你是故意跑来炫耀的是不是？

你先听完嘛！由于我们要去参加奥林匹克发明大赛……

啊？

所……所以呢？

你的意思是……

嗯？

意思是，我们要把这次全国大赛的参赛权让给你们。

没错，因为我们放弃了全国大赛的参赛权，所以会空出一个参赛名额啊！

你还是听不懂吗？换句话说，为了争取我们放弃的参赛权，将由上次获得同分的你们和金石小学，再度展开对决！

那……那么……

没错！

噢

就可以出战全国大赛！

期待……

如果我们赢了那场比赛……

哇！

天啊……

晕倒

咚

咚

咚

197

锵

如何?

只多了一层灰尘!

东张西望

什……什么嘛!
到底有什么不一样?

我也不知道。

东张西望

给我睁大眼睛看清楚!

窗帘啊!
这可是最流行的特殊布料制成的!

新的窗帘

还有花了最多钱的墙壁!你们有没有闻到油漆的味道?

黑板啊!
这是换了边框的!
看起来很新吧?

新的油漆

新的边框

闻

当这些东西全部连接在一起，灯泡才会发光。只要任何一个地方出了差错，就算有再强的电力，也无法使灯泡发光！

实验社也如此。

压

一闪

你们每一个人必须心手相连，才能够让它散发光芒！

没有错！
通过这次的表演，
我也体会到了这一点！

我也是！

我也体会到了！
我觉得那种感觉真
的很棒。

很好！我们
将这道光芒也带到
全国大赛吧！

没问题！

让我们心连心、手牵手！
在全国大赛绽放我们的光彩！

敬请期待 **科学实验王 ⑥**

跟电相关的知识

我们在日常生活中所接触的电，简单来说就是电子在移动时产生的能量。然而，如果想要更深入了解电，你会发现其中有太多既难懂又复杂的名词。因此，想要对电有更进一步的了解，得先了解相关名词的定义。

原子： 构成物质的基本单位，由原子核和环绕在原子核周围高速运动的电子构成。原子核带正电，由质子和中子组成。其中质子带有正电荷，中子不带电荷，电子则带负电荷。

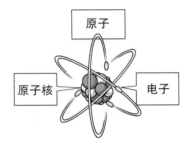

原子的构造

电子： 电子是构成原子的一种基本粒子，其质量非常小，带有负电荷，是能够让电流流动的主体。在电池外部，电子流动的真实方向是由负极流向正极的。

电荷： 基本电荷是最小的电荷量单位。一般而言，原子中的质子带一单位正电荷，电子则带一单位负电荷，两者电量相等。

电流： 严格来说，导线中的电流就是"负电荷的流动"。通常我们所指的电子就是负电荷，所以也称为"电子流"。传统上规定电流的方向为"正极流向负极"，和电子流动的方向正好相反，这是因为19世纪初物理学家刚开始研究电流时，并不清楚在各种情况下究竟是哪种电荷在移动，就把正电荷定向移动的方向规定为电流的方向。

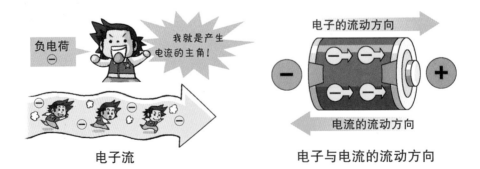

电子流

电子与电流的流动方向

电压：简单来说，电压就是让电荷流动的驱动力。电压越大，表示具有的电能更多。电压的单位是V（伏特）。

带电：原子核中质子所带的正电荷数与核外电子所带的负电荷数相等，所以整个原子呈电中性。当受到来自外部的某种力量时，电子会脱离原子核，转移到另一个物体上，从而使物体"带电"，而带有电的物体则称为"带电体"。

通过摩擦呈现带电的过程

电磁铁：电磁铁通电时具有磁性，不通电就没有磁性，用起来很方便。电磁铁和一般永久磁铁最大的差别是，电磁铁可以通过改变通过线圈的电流大小，以及线圈的匝数来控制磁性的大小，而一般永久磁铁的磁性则是固定的。

磁力：磁力是具有磁性的物体彼此相吸或相斥的力量。简单来说就是同极相斥，异极相吸。磁力大小与距离的平方成反比，当磁性体的距离越远，磁力便越弱；距离越近，磁力便越强。

磁场：磁场是指具有磁力作用的空间范围，即在此范围内能与其他的磁性物质相互作用。正如用电力线来表示电场的方向与大小一样，我们用磁力线来描绘磁场。

转来转去

唉，指南针怎么一直打转啊！

笔记

电池

想要使用电器产品，就需要取得电力。通常我们通过电线就可以轻松取得所需的电力，也可以利用电池将电力供应给手机、MP3播放器等产品。一般来说，电池是指通过内部的化学物质，将化学能转换为电能的装置。今天我们使用的电池是1800年由意大利的物理学家伏特发明的，后来以他的名字为电压的单位命名，称为V（伏特）。

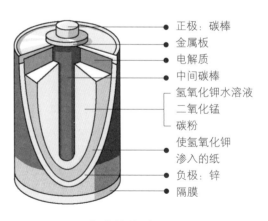

电池的种类

一次性电池是指只能使用一次的电池，而充电电池则是指可以重复使用的电池，即通过充电的过程，使电池内的活性物质恢复到原来的状态，因而能再次提供电力。常见的一次性电池有干电池、碱性电池等；充电电池有铅酸电池、锂离子电池和高分子锂电池等。

电池的构造与原理

电池的正极与负极分别为碳棒与锌壳。电池内部装有多种化学混合物，其发电原理是：通过锌壳进行氧化（将电子向外排出）作用，以带动碳棒进行还原（接受电子）作用，从而产生电力。

正极：碳棒
金属板
电解质
中间碳棒
氢氧化钾水溶液
二氧化锰
碳粉
使氢氧化钾渗入的纸
负极：锌
隔膜

电池的构造

电路

电流流过的路径称为"电路"。按电路的连接方法可分为串联与并联。

串联：指将一块电池的正极与另一块电池的负极顺次相连的方法，只需将电池连成一串即可完成，适合在增强电压时使用。当把10块1.5V的电池用串联方式加以连接时，电压就会变成15V。由于电压很高，因此连接灯泡后，灯泡的亮度远超过使用一块电池时的亮度。然而，因其电路中各电池所负担的电流量相同，所以电池的寿命与单独使用时没有差异。

由于串联电路的电流会流向同一方向，因此在数块相连的电池中，只要一块电池损坏，电流的连接也会随之中断。

我喜欢亮的感觉，所以我得用串联！

并联：指将各电池的正极联在一起，负极也另联在一起，并成一排相连的方法。

在并联的情形下，使用1块电池与10块电池时，灯泡的亮度并无任何差别，但电池的寿命会随着电池数量增加而延长。

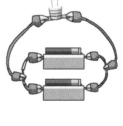

由于并联电路的电流会沿着不同电线分别流动，因此即使一块电池损坏，电流依然会持续流动。

我要省电，所以我得用并联！

图书在版编目（CIP）数据

电流与磁力/韩国小熊工作室著;(韩)弘钟贤绘;徐月珠译. —南昌:二十一世纪出版社集团,2018.11（2025.3重印）

（我的第一本科学漫画书. 科学实验王:升级版;5）

ISBN 978-7-5568-3821-9

Ⅰ.①电… Ⅱ.①韩… ②弘… ③徐… Ⅲ.①电磁学—少儿读物 Ⅳ.①O441-49

中国版本图书馆CIP数据核字(2018)第234053号

版权合同登记号：14-2009-112

我的第一本科学漫画书

科学实验王升级版❺电流与磁力　　[韩] 小熊工作室/著　　[韩] 弘钟贤/绘　　徐月珠/译

责任编辑	周　游
特约编辑	任　凭
排版制作	北京索彼文化传播中心
出版发行	二十一世纪出版社集团（江西省南昌市子安路75号　330025）
	www.21cccc.com / cc21@163.net
出 版 人	刘凯军
经　销	全国各地书店
印　刷	江西千叶彩印有限公司
版　次	2018年11月第1版
印　次	2025年3月第12次印刷
印　数	88001～97000册
开　本	787mm×1060mm 1/16
印　张	13.25
书　号	ISBN 978-7-5568-3821-9
定　价	35.00元

赣版权登字-04-2018-403
版权所有，侵权必究
购买本社图书，如有问题请联系我们:扫描封底二维码进入官方服务号。服务电话:010-64462163（工作时间可拨打）;服务邮箱:21sjcbs@21cccc.com 。